AF315375

ESSAI

sur

LES GANGLIONS MÉDIANS

OU LATÉRO-SUPÉRIEURS

DES

MOLLUSQUES ACÉPHALES

PAR

J.-Léon SOUBEIRAN

Licencié ès sciences naturelles,
Docteur en médecine,
Professeur agrégé à l'École de pharmacie de Paris,
Aide d'histoire naturelle près la Faculté de médecine de Paris,
Vice-secrétaire de la Société botanique de France,
Membre des Sociétés impériale zoologique d'acclimatation,
impériale et centrale d'Horticulture, de Biologie, d'émulation pour les sciences pharmaceutiques
de secours des amis des sciences,
non-résident de la Société Linnéenne de Maine-et-Loire,
correspondant des Sociétés impériale des sciences naturelles de Cherbourg,
impériale de médecine de Constantinople,
de médecine de Bordeaux, de pharmacie de Bordeaux,
agricole, littéraire et scientifique des Pyrénées-Orientales,
du Cercle pharmaceutique de la Marne.

PARIS,

IMPRIMÉ PAR E. THUNOT ET Cᵉ,

RUE RACINE, 26, PRÈS DE L'ODÉON.

—

1858

FACULTÉ DES SCIENCES.

PROFESSEURS.

H. Molins, doyen. . . . . *Mathématiques pures.*

Joly. . . . . *Zoologie et anatomie comparées.*

Clos. . . . . *Botanique.*

Leymerie. . . . . *Géologie et minéralogie.*

Filhol. . . . . *Chimie.*

Gascheau. . . . . *Mathématiques appliquées.*

Daguin. . . . . *Physique.*

Petit. . . . . *Astronomie.*

PROFESSEURS HONORAIRES.

Léon.

Boisgiraud.

OPTIMO PATRI.

HISTOIRE.

Longtemps le système nerveux des Mollusques acéphales a
été méconnu par les anatomistes, et pour en trouver la première
indication, il faut arriver jusqu'à la fin du siècle dernier
(1791 à 1795), où un habile naturaliste italien, Poli (1), en
fait pour la première fois mention : il a parfaitement vu
les organes dont il s'agit, au moins ceux qui sont le plus développés, et les décrivit et représenta exactement dans son
magnifique ouvrage sur les Mollusques des Deux-Siciles.
Mais, trompé par des apparences inhérentes à la structure
même du système nerveux chez ces animaux, il les rapporta
au système des chylifères, et désigna les ganglions postérieurs sous le nom de *citerne du chyle*, et les nerfs qui en pro-
viennent sous celui de *vaisseaux du chyle*. Non-seulement,
dans ses dissections, l'habile naturaliste découvrit ainsi les
ganglions les plus développés des Mollusques acéphales ob-
servés par lui, mais il figura très-nettement, dans le *Solen
Siliqua*, les ganglions antérieurs, et le cordon du petit collier.

---

(1) Poli, *Testacea utriusque Siciliæ, eorumque historia et anatome*,
1791 et 1795.

qui en part pour se diriger dans le pied, mais qu'il n'a pas
suivi jusqu'à la troisième paire de ganglions.

Quelques années plus tard (1798), GEORGES CUVIER (1)
releva l'erreur dans laquelle était tombé POLI, et démontra
que l'interprétation donnée par cet auteur aux organes dont
il s'agit était erronée, et que c'était au système nerveux qu'il
fallait rapporter le prétendu système chylifère. D'après lui,
la citerne du chyle devait être considérée comme le cerveau,
ou le représentant du cerveau des animaux supérieurs chez les
Mollusques acéphales.

Un peu plus tard (1800), GEORGES CUVIER et M. CONSTANT
DUMÉRIL (2) décrivirent le système nerveux des Mollusques
acéphales comme constitué par un collier formé de deux
ganglions, un antérieur, placé sur la bouche qu'ils nommè-
rent *cerveau*, et un autre placé à l'opposite. De ces deux
masses nerveuses partent, d'après ces auteurs, un certain
nombre de nerfs qui se rendent dans toutes les parties du
corps.

En 1834, M. MILNE EDWARDS (3) considéra le système
nerveux des Mollusques comme constitué par deux amas de
ganglions seulement ; il désigna sous le nom de *ganglions
œsophagiens* les ganglions antérieurs qu'il décrivit comme
très-éloignés l'un de l'autre, et réunis par une bande transversale. Il indiqua, sous l'intestin, une masse *ventrale* de
ganglions postérieurs réunis aux ganglions antérieurs par
deux cordons nerveux très-longs.

---

(1) G. CUVIER, *Tableau élémentaire des animaux*, p. 415, 1798.
(2) G. CUVIER et C. DUMÉRIL, *Leçons d'anatomie comparée*, 1ʳᵉ édit.,
t. II, p. 310 et 311, 1800.
(3) MILNE EDWARDS, *Éléments de zoologie*, p. 784, 1834.

En 1839, M. Deshayes (1) ne reconnut aussi que deux sortes de ganglions, bien qu'il ait décrit, sous le nom de *filet viscéral*, le cordon du petit collier qui se rend à la troisième paire ganglionnaire : il émit, par erreur, l'opinion que de ce filet viscéral partent des nerfs qui se distribuent à l'estomac, au foie, au cœur et à l'ovaire. Une autre erreur de cet auteur est l'opinion que le système nerveux est plus développé chez les *Dimyaires* que chez les *Monomyaires*, et que le volume des ganglions postérieurs, chez ces derniers animaux, n'est guère plus grand que celui des ganglions antérieurs.

C'est en 1804 seulement que fut publiée la première indication d'une troisième paire de ganglions dans les *Unio* et les *Anodonta* : J. Mangili (2) lui donna le nom de *ganglion central*, et poussant plus loin qu'on ne l'avait fait avant lui la distinction des diverses parties déjà observées par ses prédécesseurs, il démontra qu'on ne devait pas confondre la commissure antérieure avec les ganglions antérieurs qu'il désigna sous le nom de *cérébraux*. Tout en reconnaissant que Mangili a fait faire un grand pas à l'histoire du système nerveux des Mollusques acéphales, nous devons faire remarquer qu'il a donné une fausse interprétation à la direction des nerfs qui partent de son nouveau ganglion, car il les considérait comme des *nerfs viscéraux*, et non pas comme se rendant au pied.

Parmi les anatomistes qui, depuis Mangili, se sont occupés du système nerveux des Mollusques acéphales, un grand nombre n'ont pas reconnu l'existence de la troisième paire

---

(1) Deshayes, *Traité élémentaire de conchyliologie*, 1839.
(2) G. Mangili, *Nuove richerche zootomiche sopra alcune specie di conchiglie bivalvi*, 1804.

de ganglions, quoique cependant elle ait été vue dans un assez grand nombre d'espèces différentes par d'autres observateurs. Toutes leurs dissections nombreuses ont amené à une connaissance plus exacte des formes, des rapports, des particularités de structure des divers ganglions, en même temps que du parcours et de la direction des divers nerfs, qui émanent de ces masses nerveuses.

De Blainville (1), en 1824, a fait une histoire assez complète et détaillée du système nerveux du *Mytilus edulis*, qu'il décrivit comme formé de trois paires de ganglions : 1° une paire antérieure de *ganglions buccaux*, réunis entre eux par un *filet de commissure*, et avec la paire postérieure par le *cordon du grand collier*; 2° une paire *moyenne*, dont il ne fit que présumer la connexion avec les ganglions buccaux au moyen d'un filet nerveux très-fin ; 3° une paire *postérieure* de ganglions très-petits, réunis par un filet de commissure très-ténu. Malgré son habileté incontestable, le savant anatomiste n'a pu voir qu'un petit nombre de nerfs, émanant de ces trois paires de ganglions, et n'a pas reconnu le nerf branchial qu'avaient cependant déjà indiqué Poli et Mangili.

Brandt (2), qui le premier a donné une bonne description du système nerveux de l'*Ostræa edulis* (1833), y a reconnu l'existence de *ganglions du système branchial*, qui sont en grande partie la paire antérieure, et a démontré qu'il en part un assez grand nombre de *filaments* et filets nerveux. Malheureusement l'auteur n'a pas mis assez de netteté dans sa description des nerfs qui émanent des ganglions postérieurs.

---

(1) De Blainville, *Dictionnaire des sciences naturelles*, t. XXXII, p. 121 , 1824.
(2) Brandt et Ratzeburg, *Medicinische Zoologie*, band II , pl. 36, 1833.

Dans son anatomie du système nerveux de l'*Anodonta Cygnea* (1835), Wagner (1) n'a rien indiqué de plus que ce qu'avait décrit Mangili : pour lui les ganglions antérieurs et le cordon de commissure qui les réunit constituaient le *cerveau ;* il a reconnu dans le tranchant du pied l'existence d'un ganglion, réuni au cerveau par deux filets nerveux, et fournissant des nerfs aux viscères et aux muscles du pied ; enfin il indiqua un *ganglion postérieur*, réuni au cerveau par deux cordons nerveux allongés.

Robert Garner (2) dans un très-bon travail sur le système nerveux des Mollusques (1837), reconnut aussi l'existence de trois paires de ganglions dans les acéphales : pour lui, il existait une paire de *ganglions cérébraux*, qui sont les ganglions antérieurs, non soudés ensemble, et communiquant par des cordons nerveux avec les autres ganglions ; un *ganglion de la locomotion*, qu'il croyait, mais à tort, constamment simple, et qui n'est autre chose que le ganglion pédieux ; des *ganglions respirateurs*, qui sont la paire postérieure.

Dans une série de communications faites à l'Académie des sciences (1844 à 1852), Duvernoy (3) fit connaître le résultat de ses longues et patientes recherches sur le système nerveux des Mollusques acéphales, recherches qu'il a réunies en un seul corps dans un remarquable mémoire (4), publié

---

(1) Wagner, *Manuel d'anatomie comparée*, 1834, 1835.

(2) R. Garner, *On the Nervous System of Molluscous animal* (*Philosophical Transactions of the Linnean Society of London*, t. XVII, p. 485, pl. 24, 1837).

(3) Duvernoy, Du système nerveux des Mollusques acéphales bivalves et lamellibranches (*Comptes rendus*, 5 et 25 novembre 1844, — 24 février 1845, — 3 mai 1850, — 26 juillet 1852).

(4) Duvernoy, Mémoire sur le système nerveux des Mollusques acéphales lamellibranches ou bivalves (*Mémoires de l'Académie des sciences de l'Institut de France*, t. XXIV, p. 3, 3 pl., 1854).

depuis dans les Mémoires de l'Académie des sciences. Les diverses dispositions du système nerveux, observées dans un assez grand nombre d'espèces par ce savant anatomiste, ont été indiquées avec le plus grand soin dans une série de monographies descriptives, dont l'analyse se trouve indiquée avec quelques détails au chapitre II de cette thèse. De même que ses devanciers, DUVERNOY reconnut seulement l'existence de trois paires de ganglions dans les Mollusques acéphales, mais il indiqua beaucoup de particularités nouvelles sur les divers nerfs qui en émanent, et sur leur parcours; il en a, en outre, établi une classification de beaucoup supérieure à tout ce qui avait été tenté avant lui.

Dans l'intervalle de temps qui s'est écoulé entre les premières communications de DUVERNOY et l'impression de son grand mémoire, M. EMILE BLANCHARD (1845) a publié (1) une série de recherches très-intéressantes sur l'organisation du système nerveux des Mollusques acéphales, recherches qui l'ont amené à quelques résultats différents de ceux de DUVERNOY, mais qui, de même que le beau travail publié en 1849 sur les tarets par M. DE QUATREFAGES (2), ont ajouté quelques éclaircissements à la question.

Nous devons noter qu'à peu près à la même époque, c'est-à-dire avant la première communication de DUVERNOY, SIEBOLD, d'une part (1838-1843), GAUDICHAUD, EYDOUX et SOULEYET (1836-1837) d'autre part, ont amené la découverte d'un organe extrêmement curieux, que les auteurs s'accordent

---

(1) ÉMILE BLANCHARD, Observations sur le système nerveux des Mollusques acéphales testacés et lamellibranches (*Comptes rendus*, 24 février 1845 ; *Annales des sciences naturelles*, 3ᵉ série, t. III, p. 321, pl. 12, 1845).

(2) DE QUATREFAGES, Mémoire sur le genre Taret (*Annales des sciences naturelles*, 3ᵉ série, t. XI, p. 19, pl. 1849).

assez généralement à considérer comm cl organe de l'audition. Siebold (1) l'a indiqué dans les Mollusques acéphales, tandis que les trois voyageurs (2) que nous venons de citer l'ont rencontré dans les gastéropodes et les ptéropodes.

Nous devons ajouter qu'en 1837, J. A. F. Keber (3), dans une thèse inaugurale, et plus tard (1851) dans son Anatomie et physiologie des Mollusques (4), a indiqué avec grand soin l'existence de nombreux filets nerveux, qui partent du coude du nerf branchial.

En 1840, Grube et Krohn (5) ont indiqué, les premiers, dans les *Pecten* et les *Spondylus* l'existence d'un cordon palléal que Duvernoy a depuis très-bien observé dans plusieurs Mollusques acéphales.

Il faut arriver jusqu'en 1854 pour trouver la première indication de la quatrième paire de ganglions, découverte par M. Moquin-Tandon (6) dans les *Unio*, *Anodonta* et *Dreissena* : ces ganglions, extrêmement petits, situés sur le parcours du grand collier, et dont on s'explique la découverte tardive par leurs dimensions toujours très-faibles, ont été parfaitement

---

(1) Von Siebold. sur un organe énigmatique propre à quelques bivalves (*Annales des sciences naturelles*, 2ᵉ série, t. X, p. 319, 1838) — Observations sur l'organe auditif des Mollusques (*Id.*, t. XIX, p. 193, 1843).

(2) Gaudichaud, Eydoux et Souleyet. Voyage autour du monde par les mers de l'Inde et de Chine, exécuté sur la corvette la *Favorite*, de 1830 à 1832, t. V, 1839.

(3) J. A. F. Keber, *De nervis concharum*, 1837.

(4) J. A. F. Keber, *Beitrage zur Anatomie und Physiologie der Weichthiere*, 1851.

(5) Krohn, *Ueber augenähnliche Organe bei Pecten und Spondylus* (Archiv von Müller), 1840.

(6) A. Moquin-Tandon, Note sur une nouvelle paire de ganglions observée dans le système nerveux des Mollusques acéphales (*Comptes rendus*, 7 août 1854).

figurés depuis par M. Moquin-Tandon (1) dans son Histoire des Mollusques de France.

Avant de terminer cet historique, qu'il nous soit permis de faire observer que la découverte de chacune des paires ganglionnaires des Mollusques acéphales s'est faite, pour ainsi dire, en raison même de leur volume : en effet, la première paire découverte, celle des ganglions postérieurs, est toujours la plus développée chez ces animaux ; la seconde paire par ordre de découverte, celle des ganglions antérieurs ou buccaux, est aussi la seconde par ordre de développement (de même que les ganglions postérieurs, ceux-ci ont été rencontrés et figurés pour la première fois par Poli). Quant à la troisième paire, découverte par Mangili, son volume est toujours beaucoup moindre que celui des ganglions antérieurs et surtout des postérieures ; aussi ce volume, toujours très-petit, explique-t-il comment un grand nombre d'anatomistes habiles l'ont passé sous silence, même après la publication du mémoire du naturaliste italien. C'est certainement la même cause qui a fait retarder jusqu'à M. Moquin-Tandon la découverte de la quatrième paire ganglionnaire, toujours très-petite, et, par cela même, très-difficile à apercevoir.

---

(1) A. Moquin-Tandon, *Histoire naturelle des Mollusques terrestres et fluviatiles de France*, 1855.

DESCRIPTION GÉNÉRALE.

Le système nerveux des Mollusques acéphales est disposé
en série binaire, et présente une assez grande symétrie, au
moins pour les parties centrales, et souvent même pour les
parties périphériques. Exceptionnellement, comme dans le
genre *Anomia*, il offre une asymétrie très-notable, mais elle
est en rapport avec la disposition générale même des organes
dans ces animaux.

Bien que le système nerveux des Mollusques acéphales
n'offre pas une grande complication, son étude n'en est pas
moins assez difficile par la ténuité même de ses éléments.

Comme le système nerveux des autres Mollusques, il est
constitué par des ganglions et des nerfs : ses éléments histolo-
giques ont la même forme que celle trouvée par Hannover (1)
dans les gastéropodes. Les nerfs offrent des stries parallèles,
longitudinales, interrompues irrégulièrement, généralement
de couleur blanche, ils ont un névrilème peu résistant, et une
partie intérieure ou médullaire presque liquide, ce qui explique l'erreur dans laquelle est tombé Poli (Duvernoy).

DES GANGLIONS.

Les ganglions existent dans les Mollusques acéphales au
nombre de quatre paires, dont les éléments sont tantôt dis-

---

(1) Adolph. Hannover, Mikroskopiske Undersogelser as Nervesystemet
(*Det kongelige danske Videnskabernes Selskabs Naturvidenskabelige og
Mathematiske afhandlinger*, tiende deel, p. I, 1843).

tincts, et alors ils sont distants ou rapprochés, tantôt fondus en une seule masse plus ou moins bilobée.

Leur couleur est le plus ordinairement jaune avec des teintes différentes depuis le jaune clair jusqu'au rouge orangé, et même le rouge plus ou moins vif. Dans quelques espèces (*Dreissena*), on les trouve entièrement blancs ; dans d'autres, ils sont incolores et transparents (*Cyclas*, *Pisidium*) ; toujours dans les embryons et les individus jeunes, la coloration est moins marquée que dans les adultes (MOQUIN-TANDON). La partie colorée des ganglions est constituée par des cellules rondes, qui tiennent en suspension des corps de diverses formes et dimensions, solubles dans l'éther, comme le seraient des corps gras, et teints par des substances à demi fluides : cette partie colorée est mêlée de petites cellules incolores, accolées aux filets nerveux, qui entrent dans la composition des nerfs, et qui, bien évidemment, s'entre-croisent dans le centre des ganglions (DUVERNOY).

Il est essentiel de noter que, bien que le volume des ganglions soit le plus ordinairement en rapport avec celui des nerfs qui en émanent ou qui s'y rendent, il n'en est pas toujours ainsi, comme on le voit dans le *Solen Siliqua* et le *Mesodesma Quoyi* (DUVERNOY).

Les quatre paires de ganglions des Mollusques acéphales sont :

1° Les *ganglions antérieurs*,
2° Les *ganglions inférieurs*,
3° Les *ganglions postérieurs*,
4° Les *ganglions médians* ou *latéro-supérieurs*.

Des ganglions antérieurs.

Synonymes. *Ganglions cérébraux*, MANGILI ; *cerveau*, CU-
VIER ; *ganglions buccaux* ou *antérieurs*, DE BLAINVILLE ; *ganglions cervicaux*, VAN BÉNÉDEN ; *ganglions céphaliques*, CAN-
TRAINE ; *ganglions cérébroïdes*, MILNE EDWARDS, BLANCHARD ;
ganglions labiaux, SIEBOLD, DUVERNOY ; *ganglions intestinaux*
ou *sous-intestinaux*, AUCTORUM.

Les *ganglions antérieurs* sont toujours placés auprès de l'o-
rifice buccal et de l'œsophage, de façon à lui être en même
temps latéraux et supérieurs (*Dreissena*, MOQUIN-TANDON) ;
quelquefois ils sont un peu en arrière de la bouche (*Pecten
maximus*), d'autres fois un peu en avant, quoique toujours latéraux (*Solen Vagina*, DUVERNOY). Le plus souvent ils sont
placés tous deux sensiblement sur la même ligne ; mais dans
l'*Anomia Ephippium* le ganglion gauche est très-notablement
plus en avant que le droit (DUVERNOY).

La forme des ganglions antérieurs est assez variable suivant les diverses espèces ; quelquefois oblongs (*Pandora rostrata, Modiola albicosta, Ongulina rubra*, DUVERNOY) et comme
bilobés (*Unio*, MOQUIN-TANDON), ils sont parfois subtriangu-
laires (*Solen Vagina*), ou affectent la forme de quadrilatères,
tantôt aplatis (*Mesodesma Quoyi*), tantôt avec des angles plus et
moins marqués (*Arca inæquivalvis*), tantôt irréguliers (*Psammobia vespertinalis*) (DUVERNOY) (*Unio*, MOQUIN-TANDON).

Les ganglions antérieurs sont presque toujours séparés, et
tendent plutôt à s'éloigner qu'à se rapprocher, excepté cependant dans la *Cytherea complanata*, et ils sont très-voisins l'un
de l'autre derrière le muscle adducteur antérieur. Dans quelques cas les ganglions se touchent complétement, mais il n'y

a pas là encore de fusion complète (*Lutraria solenoïdes*, Duvernoy).

Les ganglions antérieurs sont presque toujours très-petits
(*Anomia Ephippium, Trigonia australis, Tridacna lamellosa*,
Duvernoy); ils offrent toujours un volume sensiblement égal,
quoique Baudon ait annoncé leur inégalité dans l'*Anodonta
Cygnea*, fait que M. Moquin-Tandon n'a pu confirmer.

Le développement des ganglions antérieurs est inverse, à ce
qu'assure Duvernoy, de celui des postérieurs, et il est constant
qu'il est en rapport direct avec le développement des parties
antérieures du manteau, des palpes et de l'adducteur antérieur.
Les Mollusques acéphales monomyaires présentent toujours
leurs ganglions antérieurs très-peu développés, assez peu
même pour qu'ils ne paraissent guère être qu'un renflement
de l'extrémité supérieure du grand collier (*Pecten maximus*,
Duvernoy) et pour être très-difficilement perceptibles dans
l'*Ostrea edulis*, où ils ont été découverts par Duvernoy en
1844.

La couleur des ganglions antérieurs n'offre rien de particulier, si ce n'est dans le *Cytherea complanata*, où Duvernoy
a trouvé un pigment brun dans la partie centrale plus arron-
die.

Des ganglions inférieurs.

Synonymie. *Ganglion central*, Mangili; *Ganglions moyens*,
de Blainville; *Ganglions locomoteurs*, Garner; *Ganglions
abdominaux*, Siebold, Keber; *Ganglions pédieux*, Duvernoy;
Ganglions intérieurs, ventraux, Auctorum.

Les *ganglions inférieurs* sont situés sur la ligne médiane du
corps, toujours inférieurs aux ganglions antérieurs et postérieurs, le plus ordinairement entre la masse viscérale et la

naissance du pied, quelquefois entre le foie et la partie antérieure de la racine du pied (Moquin-Tandon).

Leur forme, quelquefois quadrilatère (*Pecten maximus. Anomia Ephippium*), est parfois ronde (*Modiola albicosta*); mais le plus souvent elle est allongée (*Tridacna lamellosa. Psammobia vespertinalis. Pholas Dactylus*), et ovale (*Panopæa australis*); dans certains animaux (*Mesodesma Quoyi*), ces ganglions ovales ont leur extrémité supérieure plus grosse; dans d'autres (*Solen Vagina*) ils sont aplatis sur les côtés (Duvernoy). Dans quelques-uns (*Anodonta Cygnea*), ils rappellent en quelque sorte la forme de la variété d'olive, désignée sous le nom de *Lucca* (Moquin-Tandon).

Au contraire des ganglions antérieurs, qui tendent toujours à s'écarter l'un de l'autre, les ganglions inférieurs ont une grande disposition à se souder ensemble, et sont au moins très-rapprochés l'un de l'autre *Lutraria solenoïdes*). Quelquefois même ils se touchent, plus souvent encore ils se soudent plus ou moins (*Pecten maximus, Cardium edule, Panopea australis*). Dans certaines espèces (*Ongulina rubra, Trigonia australis, Modiola albicosta, Arca inæquivalvis*) ils semblent ne plus constituer qu'une seule masse; la trace de la réunion peut être indiquée par un sillon circulaire médian (*Pholas Dactylus*), et par la forme ellipsoïde encore apparente de chacun d'eux (*Pandora rostrata*), ou par une échancrure tantôt apparente en avant et en arrière (*Psammobia vespertinalis, Solen Vagina* (Duvernoy), *Unio* (Moquin-Tandon), tantôt en avant seulement (*Mesodesma Quoyi* (Duvernoy), *Dreissena* (Moquin-Tandon).

Le volume des ganglions inférieurs que Duvernoy a toujours trouvé en rapport avec le développement du pied, considérable dans la *Cytherea complanata*, très-petit dans les

Pecten maximus et *Tridacna lamellosa*, a paru à M. Moquin-
Tandon être ordinairement plus considérable que celui des
ganglions antérieurs.

La couleur de ces ganglions n'offre aucune particularité à
signaler, si ce n'est dans la *Cytherea complanata* où Duvernoy l'a vue d'un brun clair, les ganglions étant enfermés
dans une capsule brun foncé.

Des ganglions postérieurs.

Synonymie. *Citerne du chyle*, Poli ; *cerveau*, Cuvier ; *ganglions postérieurs*, Deshayes ; *ganglions respirateurs*, Garner ;
ganglions branchiaux, Blanchard ; *ganglions postérieurs*, Duvernoy.

Les *ganglions postérieurs* ou *branchiaux* existent dans tous
les Mollusques acéphales ; ils sont postérieurs et en même
temps supérieurs : plus ou moins rapprochés de la ligne
médiane, ils sont toujours voisins du muscle adducteur postérieur et de l'orifice anal (Moquin-Tandon). Quelquefois
(*Solen Vagina*) on les trouve dans l'écartement des tendons
des muscles rétracteurs postérieurs ; dans quelques animaux
(*Pecten maximus*, *Ostrea edulis*), ils deviennent presque cen-
traux, et occupent à peu près le milieu de la coquille. Leur
caractère absolu est d'émettre ou au moins de recevoir toujours les nerfs branchiaux.

Leur forme, quelquefois polygonale (*Modiola albicosta*), ou
anguleuse (*Lucina tigerina* et *Lemanni*) s'allonge dans quelques espèces (*Ongulina rubra*, *Psammobia vespertinalis*, *Solen
Vagina*, *Mesodesma Quoyi*) et peut présenter l'extrémité des
ganglions très-renflée (*Pinna nobilis*). Les ganglions postérieurs affectent la forme quadrilatère (*Anomia Ephippium*)

(Duvernoy), ce qui est le cas le plus ordinaire ; dans quelques espèces le carré est plus long que large (*Dreissena polymorpha*, tandis que dans d'autres *Unio, Anodonta Cygnea*)
il est plus large que long (Moquin-Tandon).

Les ganglions postérieurs sont très-rarement distants l'un
de l'autre (*Mytilus edulis, Lithodomus caudigerus, Arca inæquivalvis*), mais au contraire ils sont plus ou moins rapprochés, se touchent et se soudent même ensemble (*Trigonia
australis, Modiola albicosta, Mya arenaria, Psammobia vespertinalis*). Dans un certain nombre d'espèces, la soudure est
assez intime pour qu'il semble n'y avoir qu'un seul ganglion
(*Solen Vagina, Lutraria solenoïdes, Pandora rostrata*) : ce ganglion peut être un carré long disposé en travers sur la partie
moyenne du muscle adducteur postérieur (*Pecten maximus*,
Anodonta Cygnea), ou sur la partie inférieure du même muscle
(*Anomia Ephippium*). Dans les *Lucina tigerina* et *Lemanni*, le
ganglion unique, résultant de la soudure de deux ganglions
de la paire postérieure, offre la forme d'une étoile à trois
branches de chaque côté, dont chacune est une origine de
nerfs importants. Dans le *Pholas Dactylus* un sillon médian
sépare les deux ganglions confondus, mais que la persistance
de la forme ovoïde de chacun d'eux permet de distinguer
encore. Dans la *Cytherea complanata*, les ganglions branchiaux semblent constitués par deux couches distinctes, une
inférieure et antérieure, de couleur claire, donnant naissance
en avant au cordon du grand collier et au nerf branchial,
et en arrière au nerf du muscle adducteur postérieur, et une
supérieure, plus brune, dépassant la première en arrière, et
donnant naissance au nerf palléal (Duvernoy).

Les ganglions branchiaux ou postérieurs sont presque toujours les plus volumineux du système des Mollusques acé-

phales (*Ostrea edulis, Pecten maximus, Onqulina rubra*). Ils paraissent aussi avoir une plus grande densité que les autres ganglions (MOQUIN-TANDON) : ils sont surtout très-développés chez tous ceux qui n'ont qu'un muscle adducteur postérieur. Dans la *Panopœa australis*, où leur volume n'est nullement proportionné à celui des nerfs qui en émanent, et dans la *Mesodesma Quoyi*, les ganglions postérieurs sont à peine développés. L'*Ostrea edulis* offre aussi une exception à la règle générale, car souvent le ganglion droit y est plus développé que celui du côté gauche (DUVERNOY).

Des ganglions médians.

Les *ganglions médians*, ou *latéro supérieurs*, ou *génitaux*, sont toujours rapprochés de la glande précordiale et de l'appareil de la génération.

De forme irrégulièrement triangulaire (*Dreissena polymorpha*), ils sont quelquefois un peu oblongs, légèrement sinueux, et offrent une dilatation un peu plus grande en avant qu'en arrière (*Unio margaritifer, Anodonta Cygnea*).

Ce sont les plus petits ganglions des quatre paires des Mollusques acéphales ; cependant dans la *Dreissena polymorpha*, c'est à peine s'ils sont plus petits que les ganglions antérieurs.

Leur volume très-faible rend souvent leur recherche extrêmement difficile ; il est essentiel de noter que ces ganglions sont *supérieurs* et très-rapprochés dans les Mollusques à corps comprimé (*Unio*), presque *latéraux*, au contraire, et très-écartés dans les Mollusques à corps déprimé (*Dreissena polymorpha*, MOQUIN-TANDON).

Des ganglions supplémentaires.

Outre les quatre paires de ganglions que nous venons de décrire, on en rencontre d'autres plus petits dans quelques espèces de Mollusques : c'est ainsi que M. BLANCHARD en a décrit plusieurs dans le manteau des *Unio*, et M. DUVERNOY dans celui de l'*Anodonta Cygnea*. Ce dernier anatomiste en a observé aussi, au point de naissance du nerf branchial sur chacun des ganglions postérieurs de l'*Ongulina rubra*, sur le trajet du nerf palléal des *Cythera complanata*, *Lutraria solenoïdes*, et *Lithodomus caudigerus*, et enfin sur le trajet du cordon du petit collier du *Cardium edule*.

Comme l'histoire de ces ganglions se rattache intimement à celle des commissures ou nerfs, auxquels ils sont unis, nous croyons devoir la renvoyer au moment où nous tracerons la description de chacune de ces parties.

DES COMMISSURES.

Sous le nom de *commissures* nous désignons les filets nerveux qui réunissent entre eux les divers ganglions pour constituer la *commissure antérieure*, le *cordon du petit collier*, et le *cordon du grand collier*. Nous croyons devoir y joindre le *cordon circumpalléal*, découvert par GRUBE et KROHNE, en 1840, dans quelques Mollusques acéphales, et retrouvé depuis, en 1845, par DUVERNOY, dans quelques autres espèces : la nature spéciale de ce cordon nous semble devoir l'éloigner des nerfs proprement dits, et le rapprocher plutôt du système ganglionnaire proprement dit.

Commissure antérieure.

La *commissure antérieure* existe dans presque tous les Mollusques acéphales. C'est une branche, ayant la structure des nerfs ordinaires, qui, partant de l'angle interne et antérieur de chacun des ganglions antérieurs, les met en connexion, et forme une arcade plus ou moins prononcée en avant de la bouche, et paraissant quelquefois flexueuse (*Dreissena polymorpha*, MOQUIN-TANDON).

Petit collier.

Le *petit collier*, formé par les ganglions antérieurs et leur commissure, par les ganglions inférieurs, et le cordon nerveux, qui les réunit aux antérieurs, existe chez tous les Mollusques acéphales, qui ont un pied.

Comme la commissure antérieure, le cordon intermédiaire aux ganglions buccaux et pédieux, a la nature d'un nerf proprement dit : il est tantôt court (*Pecten maximus, Arca inœquivalvis*), tantôt allongé ; quelquefois, et c'est le cas le plus ordinaire, ses deux branches sont sensiblement égales, d'autres fois (*Anomia Ephippium*) le cordon droit est très-long, tandis que le gauche est très-court, fait qui est en rapport avec la structure asymétrique générale de l'animal. Presque toujours droit, ou presque droit, le cordon du petit collier est flexueux dans le *Pholas Dactylus*, où il s'insère dans le sillon médian des deux ganglions inférieurs soudés. (DUVERNOY.)

Le cordon du petit collier embrasse, dans le plus grand nombre des Mollusques acéphales, une partie du foie, de l'estomac et du pied, et dans la *Dreissena polymorpha*, dont le corps est très-aplati, la bouche seulement. Le petit collier a, en général, une forme de triangle plus ou moins développé, à côté supérieur arqué, et d'autant plus ample que le pied est plus développé.

Le cordon du petit collier n'émet, en général, aucun nerf sur son parcours, si ce n'est dans la *Panopea australis*, où, avant d'arriver aux ganglions inférieurs, il donne de chaque côté un petit nerf, qui se rend au pied (DUVERNOY.

Dans l'*Ostrea edulis*, le cordon du petit collier est réduit à un petit filet nerveux qui passe en arrière de l'orifice buccal, met en connexion les deux ganglions antérieurs, et coexiste avec la commissure antérieure (DUVERNOY.

Grand collier.

Le *grand collier*, qui est composé des ganglions antérieurs et de leur commissure, des ganglions médians et de leurs commissures avec les ganglions antérieurs, d'une part, et les ganglions postérieurs, d'autre part, et des ganglions postérieurs. existe seul dans tous les Mollusques acéphales. qui n'ont pas de pied DUVERNOY).

La texture du cordon nerveux, qui unit les ganglions antérieurs aux médians, et ceux-ci aux postérieurs, est celle des nerfs proprement dits, quoique cependant, dans quelques cas, DUVERNOY y ait trouvé une petite proportion de globules médullaires.

Les branches, le plus souvent symétriques, offrent une asymétrie très-notable dans l'*Anomia Ephippium* ; elles sont très-épaisses, larges et comme rubanées dans les *Panopea australis* et *Pinna nobilis* (DUVERNOY).

Le grand collier entoure tout le corps, et est plus ou moins enfoncé dans la masse viscérale : il a une forme oblongue. comme pyriforme et très-comprimée Unio, *Anodonta Cygnea* ou lozangique *Dreissena polymorpha*) (MOQUIN-TANDON). Quelquefois il semble qu'il se prolonge en avant des ganglions antérieurs, pour former un tronc commun au palléal antérieur et à la commissure antérieure (*Ostrea edulis*, Du-vernoy).

Le cordon du grand collier émet quelques filaments ner-veux, appréciables seulement au moyen du chlorure de zinc, dans l'*Ostrea edulis* et la *Cytherea complanata*, où ce sont des nerfs viscéraux. Dans la *Mya arenaria*, il part du cordon un nerf qui se rend au pied, à l'abdomen et peut-être à l'ovaire, et deux nerfs récurrents, allant au foie et à l'estomac (Duvernoy).

Cordon circumpalléal.

Le *cordon ganglionnaire circumpalléal*, que Grube et Krohne ont découvert en 1840 dans les *Spondylus* et les *Pecten*, et que Duvernoy a retrouvé, en 1845, dans les *Os-trea*, les *Anomia* et les *Lima*, est un nerf ganglionnaire, ser-vant sans doute de ganglion de renforcement et de concen-tration.

Situé en dedans du bord extrême du manteau, où il forme un cercle complet (*Pecten maximus*), il reçoit, par son côté interne des nerfs venant des ganglions antérieurs et posté-rieurs, quelquefois plus de ces derniers que des autres (*Pinna nobilis*) : (ces nerfs sont les dernières ramifications des nerfs palléal postéro-latéral, palléal postérieur et palléal antéro-latéral) (*Pecten maximus*); par son côté externe, il émet un beaucoup plus grand nombre de filets nerveux qui vont se rendre aux pédicules tactiles et visuels du manteau (*Pecten, Spondylus*).

Dans le *Pecten maximus*, il arrive un, deux ou trois de ces nerfs dans chaque pédicule tactile, tandis que les pédicules

visuels en reçoivent toujours deux, un pour la partie centrale,
et un pour les enveloppes.

Il est très-probable que le cordon ganglionnaire circumpalléal existe dans tous les Mollusques acéphales à
manteau, tels que *Pecten, Ostrea. Lima, Anomia* et *Lithodomus* (DUVERNOY .

DES NERFS.

Les *nerfs* des Mollusques acéphales, toujours d'un diamètre
très-petit, peuvent se distinguer en *nerfs proprement dits* et
nerfs ganglionnaires. Les premiers sont constitués en entier
par des fibres nerveuses, indiquées par des stries longitudinales, parallèles, et offrant quelquefois quelques rares vésicules médullaires entre leurs faisceaux : les *nerfs ganglionnaires*, au contraire, présentent toujours une très-grande
quantité de globules médullaires, mélangées aux fibres nerveuses (DUVERNOY .

Dans quelques espèces, comme dans le *Solen Siliqua*, on
trouve çà et là des renflements dans les nerfs, partout où il
semble y avoir besoin d'excitabilité nerveuse (DUVERNOY).
C'est très-vraisemblablement à quelques-uns de ces renflements qu'il faut rapporter les ganglions supplémentaires décrits par quelques anatomistes.

Nerfs des ganglions antérieurs.

De l'angle antérieur et interne des ganglions antérieurs
naît le *cordon de commissure antérieure*, et plus en dedans un
filament nerveux extrèmement délié que M. MOQUIN-TANDON
a trouvé dans l'*Unio margaritifer ;* c'est le *nerf buccal.*

En dehors de la commissure antérieure, entre elle et l'angle antérieur et externe des ganglions, naissent deux petits filets, le plus souvent extrêmement déliés, qui se rendent au muscle adducteur antérieur (*Unio margaritifer*, Moquin-Tandon), plus rarement volumineux, quoique courts (*Mesodesma Quoyi*). Dans l'*Anomia Ephippium*, le ganglion antérieur gauche seul émet un nerf qui se rend au muscle adducteur antérieur (Duvernoy).

À l'angle antérieur et externe des ganglions antérieurs prend naissance le nerf *palléal antérieur*, quelquefois assez considérable (*Ostrea edulis, Arca inæquivalvis*). Distinct dans les *Anodonta Cygnea*, et *Dreissena polymorpha*, il est plus petit que le nerf *palléal antéro-latéral* dans le premier de ces genres, et plus gros, au contraire. dans le second ; le nerf palléal antérieur, dans les *Unio*, forme d'abord un tronc commun avec le nerf palléal antéro-latéral (Moquin-Tandon). Il se porte en avant, et de dehors en dedans, se bifurque bientôt, envoie sa branche interne vers la périphérie du manteau, et un premier rameau pénètre dans la partie épaissie palléale, et même gagne le muscle adducteur antérieur (*Mya arenaria, Psammobia vespertinalis, Solen Vagina*), tandis que le second rameau se répand dans la partie mince du manteau : sa branche externe, d'abord oblique, forme un arc dirigé d'avant en arrière et se perd dans le manteau (Moquin-Tandon). Dans l'*Ongulina rubra*, le nerf palléal antérieur présente quelques renflements ganglionnaires (Duvernoy) ; dans l'*Ostrea edulis*, il envoie un filet à la partie antérieure des branchies, et un autre filet à l'estomac : assez souvent il émet un *filet labial*, (*Pecten maximus*), mais dans plusieurs espèces ce filet nerveux semble naître directement du ganglion antérieur. Dans les *Pecten*, le nerf palléal antérieur aboutit par ses dernières ramifications au cordon ganglionnaire circumpalléal ; dans les

Mya arenaria, *Cytherea complanata*, *Lutraria solenoïdes*, *Ongulina rubra*, et *Anodonta Cygnea*, il envoie plusieurs filets qui viennent rejoindre quelques ramifications des nerfs palléaux des ganglions postérieurs, et s'anastomosent avec elles (Duvernoy).

Immédiatement après le nerf palléal antérieur, se trouve l'origine du nerf *palléal antéro-latéral*, qui, dans les *Unio*, naît par un tronc commun avec lui. La direction de ce nerf est d'abord transversale de dedans en dehors, puis insensiblement elle devient antéro-postérieure ; alors le nerf se ramifie bientôt, et va se perdre dans le manteau (Moquin-Tandon).

Les nerfs palléaux envoient quelques ramifications nerveuses au foie (Moquin-Tandon).

Sur le côté externe des ganglions antérieurs, en arrière des nerfs palléaux, on voit quelquefois de petits filaments nerveux, qui se rendent aux lèvres : les *nerfs labiaux*, qui n'existent pas toujours, sont toujours excessivement petits (*Ongulina rubra*) ; cependant dans la *Dreissena polymorpha*, ils sont proportionnellement beaucoup plus volumineux que dans l'*Anodonta Cygnea* (Moquin-Tandon).

Les ganglions antérieurs donnent en arrière naissance à deux cordons nerveux, dont l'un, le plus externe, établit la communication entre eux et les ganglions médians, et constitue le cordon du grand collier ; l'autre, plus interne, se rend aux ganglions inférieurs, et contribue ainsi à former le petit collier.

Dans la *Mya arenaria*, il part du ganglion buccal un nerf qui se porte directement en arrière, et envoie plusieurs de ses ramifications à l'organe de Bojanus ; Duvernoy le désigne sous le nom de *nerf branchial antérieur*.

Duvernoy a décrit aussi sous le nom de *nerf complémen-*

taire du *palléal antérieur*, un filet nerveux qu'il a observé dans le *Lithodomus caudigerus* : ce nerf, qui n'a pas, à proprement parler, d'origine, pourrait être considéré comme un fragment de cordon ganglionnaire circumpalléal; il reçoit trois filets du nerf palléal antérieur, et à son point de jonction avec le filet nerveux le plus externe, il présente une sorte de petit ganglion complémentaire jaunâtre, qui envoie directement des ramifications nerveuses au manteau. Par son extrémité interne, il se termine librement aussi, mais sans ganglion, et forme de chaque côté et en avant des ganglions antérieurs une sorte de circuit au bord du manteau.

Nerfs des ganglions inférieurs.

Le nombre des nerfs émis par les ganglions inférieurs est très-variable suivant les familles, les genres et même les espèces; cependant il n'y en a jamais moins de deux, et on n'en a qu'exceptionnellement vu plus de six, nombre que présente l'*Unio pictorum*. Ces nerfs sont toujours très-difficiles à distinguer des nerfs viscéraux, et de ceux qui émanent des ganglions antérieurs, ou du cordon du grand collier (Duvernoy).

Des angles antérieurs des ganglions inférieurs partent les cordons de commissure, qui les joignent aux ganglions antérieurs.

Sur les côtés et en avant sont les *nerfs abdominaux* qui se rendent aux parois de l'abdomen et au pied (Moquin-Tandon).

Un peu en arrière des nerfs abdominaux, et latéralement aux ganglions, sont les *nerfs locomoteurs antérieurs* et *postérieurs*, dont toutes les ramifications vont se perdre dans le pied. Dans la *Dreissena polymorpha*, les nerfs *abdominaux* et *locomoteurs*, au lieu de naître sur les parties latérales des

ganglions, partent tous de leur partie postérieure, et forment
trois ou quatre paires de nerfs (Moquin-Tandon).

Tout à fait en arrière, excepté dans la *Dreissena polymorpha*, où ils manquent, on trouve les deux *nerfs auditifs*, qui
se dirigent en arrière et parallèlement l'un à l'autre (Moquin-Tandon).

Duvernoy a trouvé dans l'*Anomia Ephippium*, un nerf
double qui part de l'angle postérieur des ganglions inférieurs,
se dirige en arrière vers le muscle adducteur moyen, et s'y
perd. Ce nerf a été nommé *nerf de l'adducteur moyen;* ses
ramifications ne sont pas les seules qui se rendent dans ce
muscle, qui reçoit aussi un filet des ganglions postérieurs.

Les nerfs des ganglions inférieurs, quoique toujours diffi-
ciles à suivre, sont cependant assez distincts dans le genre
Anodonta, beaucoup plus que dans le genre *Unio*, où appa-
raissent quelques filets nerveux accessoires.

Nerfs des ganglions postérieurs.

Les cordons des commissures, qui réunissent les ganglions
médians aux ganglions postérieurs, naissent aux angles antérieurs du quadrilatère, formé généralement par ces derniers.

Entre les deux cordons, se trouvent deux filets très-fins,
bifides à leur sommet, parfaitement visible dans l'*Unio margaritifer*, la *Dreissena polymorpha*, et l'*Anodonta Cygnea*. Ces
filaments, que M. Moquin-Tandon a proposé de nommer
postéro-antérieurs, rampent au-dessous du muscle adducteur
postérieur.

En dehors du cordon du grand collier, on trouve quelquefois deux ou trois filaments nerveux extrêmement déliés (*Anodonta Cygnea* Duvernoy. Moquin-Tandon).

Dans la *Mya arenaria*, il naît du ganglion postérieur, en arrière du cordon du grand collier, un nerf très-long, qu'en raison même de sa destination DUVERNOY a nommé *nerf de l'organe de Bojanus*.

DUVERNOY a découvert dans la *Pinna nobilis*, immédiatement en arrière du cordon du grand collier, sur le ganglion postérieur, un *nerf ovarique*, très-grêle, adhérent à la face inférieure de l'ovaire et se perdant auprès de son orifice : ce nerf émet, près de son origine, un filet extrêmement ténu, qui se rend à un ganglion très-petit, et un peu plus loin un filet bifurqué, dont les branches se réunissent à un autre petit ganglion unique, et situé vers la partie gauche.

Immédiatement après ces filaments, ou les cordons de commissure, quand ces filaments manquent, se trouvent les *nerfs branchiaux*, dont l'existence a toujours été constatée dans toutes les espèces d'acéphales étudiées jusqu'à présent. Chaque nerf branchial se dirige d'abord obliquement en dehors et en avant, en émettant, dans quelques espèces, un très-grand nombre de filaments qui se rendent à la portion des branchies antérieure au muscle adducteur postérieur : puis le nerf se coude et se dirige sinueusement en arrière, en émettant une très-grande quantité de ramuscules, qui se dirigent en partie vers l'organe de Bojanus, et en partie vont former un plexus très-compliqué dans la portion des branchies antérieure au muscle adducteur moyen ; arrivé près du bord adhérent des branchies, le nerf branchial se divise en branches nombreuses, qui vont se rendre dans les cloisons musculaires interbranchiales. La longueur du nerf branchial est d'autant plus grande que le muscle adducteur postérieur est placé plus en avant (*Monomyaires*), ou qu'il y a une plus grande quantité de branchies en arrière de son origine.

Tantôt petit et peu développé (*Arca inæquivalvis*), le nerf branchial est plus ordinairement assez volumineux, mais il s'amoindrit quelquefois rapidement (*Lucina tigerina*), en émettant dès son origine de nombreux filaments, et parce que, formé d'abord par sa réunion avec le nerf *palléal principal* (*Anomia Ephippium*), et assez gros pour sembler une continuation du ganglion, il se divise bientôt en trois branches, une *palléale dorsale*, une *palléale branchiale* et une *palléale ventrale*. Dans le *Pecten maximus*, le nerf branchial gauche forme un arc bien moins ouvert que le droit (DUVERNOY).

Le nerf branchial est un nerf ganglionnaire moteur plutôt que viscéral, qui donne aux branchies la propriété de se contracter ; sa nature est bien évidemment ganglionnaire pour les anatomistes qui ont observé son diamètre inégal par suite de la présence de renflements, régulièrement espacés, et émettant de petits filets nerveux (*Pecten maximus*) ; elle est aussi indiquée dans l'*Ongulina rubra*, où le nerf branchial, à son point d'émergence hors du ganglion postérieur, présente un petit renflement sphérique, ganglionnaire, très-distinct du ganglion et du nerf (DUVERNOY).

Dans l'*Anodonta Cygnea*, en arrière du nerf branchial, il part du ganglion postérieur un filet nerveux excessivement grêle. qui ne peut être saisi par l'œil qu'au moyen de l'emploi de réactifs (MOQUIN-TANDON).

En arrière du nerf branchial, est un nerf assez délié, le *palléal postéro-latéral*, qui se dirige presque transversalement au manteau, auquel il distribue ses filets. Dans le *Pecten maximus*, il se divise dichotomiquement, pour former douze branches. qui vont animer les trois quarts de la circonférence du manteau (DUVERNOY). Dans quelques espèces, il aboutit à un cordon ganglionnaire circumpalléal, et quelque-

fois il n'offre pas une symétrie parfaite des deux côtés de l'a-
nimal (*Pecten*).

Le nerf palléal postéro-latéral n'a pas encore été reconnu
dans la *Dreissena polymorpha*, ni dans le *Cardium edule* : il
a été parfaitement étudié par M. Moquin-Tandon dans les
Unio pictorum et *margaritifer*, et les *Anodonta Cygnea* et
variabilis. Quelquefois (*Mya arenaria, Arca inæquivalvis, Psammobia vespertinalis, Solen Vagina*) le tronc du nerf palléal
postéro-latéral est soudé à celui du nerf palléal postérieur.

Le nerf *palléal postérieur* naît à l'angle postérieur des ganglions branchiaux, d'où il sort pour se rendre au manteau,
aux tubes respirateur et anal, au muscle adducteur postérieur
du même côté, et quelquefois à un cordon ganglionnaire circumpalléal : sa direction oblique d'avant en arrière et de
dedans en dehors permet de le reconnaître toujours facile-
ment ; il se divise en branches, dont le nombre varie suivant
les espèces, mais dont les deux plus fortes sont toujours assez
longuement bifides ; une de ces branches se détache de lui,
très-près de son émergence du ganglion, si près même quelquefois qu'elle semble naître de ce dernier plutôt que du
nerf (*Anodonta Cygnea*). Cette branche, qu'on pourrait nommer
cardio-rectale, puisqu'elle se rend en même temps au rectum
et au cœur, a été bien vue dans l'*Unio margaritifer*, où elle
semble plutôt un nerf particulier qu'une branche du palléal
postérieur, à raison de son rapprochement de la ligne médiane ; elle n'a pas été retrouvée encore dans la *Dreissena polymorpha* (Moquin-Tandon).

Dans quelques espèces (*Mya arenaria, Cytherea complanata,
Lutraria solenoïdes*), les branches du palléal postérieur re-
montent le long du manteau, pour se joindre à quelques rameaux des nerfs palléaux antérieurs, en même temps que

d'autres branches se distribuent aux tubes respirateur et
anal (Duvernoy).

Le nerf palléal postérieur est plutôt un nerf ganglionnaire
qu'un nerf proprement dit, car dans un certain nombre de
Cardiacés, il présente des renflements caractéristiques : en
outre, dans la **Mya arenaria**, après avoir envoyé un petit nerf
au muscle adducteur postérieur et au rectum, il s'épaissit,
devient onduleux, et prend le type ganglionnaire; il envoie
alors un gros tronc nerveux au tube anal, puis un au tube
respirateur, et enfin une dernière branche, qui s'anastomose
au palléal antérieur. Dans la *Cytherea complanata*, le nerf,
tout d'abord considérable, se bifurque vite, et donne une
branche pour le muscle adducteur postérieur et le manteau,
une seconde branche, qui se rend à un ganglion complémentaire arrondi, dont les filets vont aux tubes respirateur et
anal, et une troisième dont un filet se joint à un rameau du
nerf palléal antérieur. Dans la *Lutraria solenoïdes* enfin, avant
d'avoir dépassé le muscle adducteur postérieur, le nerf palléal
postérieur donne une branche externe, qui se distribue tout
entière au manteau, et une branche interne, qui forme un
ganglion complémentaire à la base du tube supérieur, à son
point d'union avec le tube inférieur : cette branche se prolonge en un rameau plus gros que le nerf ne l'est à son point
d'origine, et le ganglion envoie des filets aux tubes respirateur
et anal et au manteau; un des filets palléaux rejoint le nerf
palléal antérieur (Duvernoy). De l'observation de ces quelques
faits, nous nous croyons autorisé à conclure que les nerfs qui
offrent de ces renflements ganglionnaires sur leur parcours,
ne sont pas des nerfs proprement dits, et que ces ganglions
complémentaires ne sont autre chose que des points de renforcement et de concentration nerveuse; ce que, du reste,

semblent indiquer plus manifestement encore les nombreux ganglions des *plexus palléaux*, que Duvernoy a étudiés avec tant de soin et de patience.

Nerfs des ganglions médians.

Les ganglions médians donnent naissance à deux nerfs en connexion directe avec les organes de la reproduction. L'un d'eux prend son origine au côté externe et supérieur du ganglion, en part obliquement, et envoie les rameaux qui résultent de sa prompte division dans le tissu même des organes générateurs ; M. Moquin-Tandon le désigne sous le nom de *nerf génital*.

Le second des nerfs des ganglions médians sort à l'opposite du premier, au côté intérieur et inférieur du ganglion ; son volume est très-exigu ; il semble contourner la poche précordiale, ou de Bojanus, et l'orifice génital ; c'est le *nerf génito-glandulaire* (Moquin-Tandon).

Nerfs des colliers.

Les cordons des colliers des Mollusques acéphales ne donnent qu'exceptionnellement naissance à des nerfs ; c'est ainsi que, pour le petit collier, Duvernoy n'a trouvé que dans la *Panopea australis* un petit filet nerveux qui se rend aux parois du pied.

Le grand collier fournit quelques nerfs, principalement viscéraux, mais jusqu'à présent ils ont encore échappé aux anatomistes, pour un grand nombre d'espèces. Duvernoy, en employant une solution de chlorure de zinc, a vu quelques filets très-ténus émaner de ce cordon dans l'*Ostrea edulis*.

Le *nerf viscéral* ou *gastrique*, d'après les observations de Duvernoy et de Keber, naît sur le grand collier à une très-petite distance des ganglions antérieurs (*Lutraria solenoïdes*, Duvernoy). Ce nerf se porte un peu d'avant en arrière et de haut en bas vers la ligne médiane, et il fournit un bon nombre de filaments qui se réunissent à ceux du côté opposé, dans le tissu du foie et de l'estomac.

Dans la *Mya arenaria*, il part en arrière et en dedans un petit filet nerveux, qui va au bord tranchant de l'abdomen et du pied et qui paraît se distribuer en arrière à l'ovaire, et en avant deux nerfs récurrents qui vont au foie et à l'estomac.

Dans la *Cytherea complanata*, le cordon du grand collier donne, d'après Duvernoy, naissance à cinq filets nerveux, dont le premier se porte à la racine du pied, qu'il traverse pour joindre l'ovaire; le second, au foie et à l'intestin; le troisième et le quatrième sont des nerfs récurrents dont le dernier traverse le foie pour aller à l'estomac; le cinquième enfin, qui est le plus rapproché des ganglions antérieurs, est un filet purement stomacal.

DES GANGLIONS GÉNITO-URINAIRES.

Les ganglions génito-urinaires, qui ont été, comme nous
l'avons dit plus haut, décrits pour la première fois par M. Mo-
QUIN-TANDON, n'ont encore été étudiés que sur des espèces
vivant dans les eaux douces, et appartenant pour la plupart
aux genres *Unio* et *Dreissena*. J'ai pu, après avoir vérifié
l'exactitude des observations faites avant moi sur les *Unio*
et la *Dreissena*, arriver à rencontrer les ganglions médians
dans les Mollusques marins, où leur présence avait jusqu'alors
échappé aux anatomistes, et confirmer ainsi la prévision de
M. MOQUIN-TANDON, qui avait dès sa première communication annoncé qu'il était très-probable que les Mollusques
marins présenteraient les ganglions médians ou génito-urinaires de même que les acéphales d'eau douce. Malheureusement, des circonstances indépendantes de ma volonté ne
m'ont permis de faire porter mes observations que sur un petit nombre d'espèces, à savoir les *Solen Vagina*, *Cardium
edule*, *Lutraria solenoïdes*, *Mya arenaria*, *Pecten maximus* et
Ostrea edulis.

Position.

L'*Unio margaritifer* présente les ganglions médians plus
rapprochés des ganglions antérieurs que des ganglions postérieurs, et par suite de l'état comprimé du corps le cordon
du grand collier ayant ses deux nerfs très-peu distants l'un
de l'autre, les deux ganglions médians sont très-rapprochés
et semblent être dans un plan supérieur par rapport aux
autres ganglions. Ils se rencontrent dans le tissu du foie à peu

près à la même distance des ganglions antérieurs que les ganglions inférieurs.

La *Dreissena polymorpha* m'a présenté les deux ganglions
médians à peu près dans la même région du corps que l'espèce précédente, mais par suite de l'état de dépression du
corps, les cordons du grand collier sont très-distants l'un
de l'autre, et semblent avoir subi une sorte d'abaissement qui
les met au même niveau, ou à peu près, que les autres ganglions ; aussi paraissent-ils être ici plutôt latéraux que supérieurs.

Le *Solen Vagina* a des ganglions médians assez écartés
l'un de l'autre, comme dans la *Dreissena* ; ces ganglions se
rencontrent sur le trajet des nerfs du grand collier à peu près
à égale distance des ganglions antérieurs et de la paire postérieure, un peu après le point où les branchies sont traversées
de part en part à leur base par la commissure qui les unit aux
autres paires nerveuses.

Le *Cardium edule* présente deux ganglions médians situés
sur le trajet du cordon du grand collier, plus rapprochés de
la paire antérieure que de la paire postérieure, au milieu
du tissu du foie, mais dans la partie la plus voisine de
l'ovaire. Ces ganglions sont enfoncés assez profondément
dans le tissu de l'organe.

La *Lutraria solenoïdes* offre deux ganglions médians assez
rapprochés de la base du pied et par conséquent beaucoup
moins distants des ganglions postérieurs que des ganglions
antérieurs. Ils sont situés à peu près à la hauteur de l'origine
inférieure des branchies, et sont placés assez superficiellement
dans le tissu de l'ovaire.

La *Mya arenaria*, de même que la *Lutraria*, présente ses
ganglions médians placés à la base du pied et près de l'ori-

gine inférieure des branchies. Du reste, il est très-difficile de les apercevoir en raison de leur volume très-ténu, et comme du cordon du grand collier, dans cette espèce, partent plusieurs ramifications nerveuses, c'est plutôt par la direction des nerfs qui en émanent que par le volume même du ganglion que j'ai reconnu sa présence dans cette espèce.

Je n'ai pas trouvé traces de renflements nerveux que je puisse rapporter aux ganglions médians dans le *Pecten maximus* et l'*Ostrea edulis*.

Forme.

Dans l'*Unio margaritifer* les ganglions médians sont elliptiques allongés, à bords un peu sinueux ; la partie antérieure est plus renflée que la partie postérieure, ce qui les fait un peu ressembler à un pepin de raisin légèrement déformé.

La *Dreissena polymorpha* les a au contraire presque triangulaires, et présentant la partie la plus épaisse en avant, dans le point qui communique par la commissure avec les ganglions antérieurs.

Dans le *Solen Vagina* et le *Cardium edule* ils sont allongés, presque sensiblement aussi développés en arrière et en avant; leurs bords sont presque droits ou à peine sinueux.

Dans la *Lutraria solenoïdes* les deux ganglions sont très-rapprochés l'un de l'autre au point d'être soudés par une partie de leur surface ; mais malgré cette soudure la forme de chacun des ganglions reste bien nette et bien marquée : c'est celle d'un corps ovoïde à centre très-renflé et s'atténuant brusquement à chacune de ses extrémités.

La *Mya arenaria* ne présente, au point où existent les ganglions génito-urinaires, qu'un épaississement très-peu marqué qui lui donne la forme d'un cylindre un peu atténué à ses extrémités. C'est principalement par la présence des corpuscules ganglionnaires que le cordon du grand collier renferme en ce point, et par la naissance des nerfs ovariques et précordiaux, que l'on peut reconnaître le point où ils existent.

Volumé.

Toujours très-faible dans toutes les espèces que j'ai pu observer, le volume des ganglions génito-urinaires rend leur recherche excessivement difficile, et si, dans quelques acéphales, je n'ai pu encore les distinguer, je suis convaincu que c'est à leur ténuité même que je le dois. Dans la *Dreissena polymorpha* cependant, comme l'a parfaitement fait observer M. MOQUIN-TANDON, les ganglions génito-urinaires ne sont pas sensiblement moins développés que les ganglions antérieurs. C'est dans une espèce à corps déprimé que jusqu'à présent on les a trouvés les plus développés et les plus apparents, et selon toute probabilité c'est aussi dans les autres espèces à organisation analogue qu'on les rencontrera de même plus évidents, en raison même de l'écartement plus considérable des branches du cordon du grand collier.

Couleur.

La teinte générale des ganglions des Mollusques est, au moins à l'état adulte, une couleur jaune plus ou moins orangée. Dans quelques espèces seulement, comme chez les individus jeunes, les ganglions sont blanchâtres et ne se distinguent pas des nerfs proprement dits par la différence de leur coloration. Dans le *Cardium edule*, la *Lutraria solenoïdes*,

6

le *Solen Vagina*, j'ai trouvé les ganglions médians offrant cette teinte jaune orangée due, comme on le sait, à la présence de cellules ou vésicules arrondies, renfermant dans leur intérieur des amas de corpuscules très-variés de formes et de dimensions (les corpuscules sont en général solubles dans l'éther, ce qui semble indiquer qu'ils sont de nature graisseuse). Dans la *Mya arenaria* aucune coloration ne venait indiquer à l'œil nu la présence des vésicules ganglionnaires ; cependant à l'examen microscopique j'y ai trouvé quelques-uns de ces corpuscules caractéristiques, parfaitement colorés en jaune, mais dont la teinte disparaissait sous la masse des éléments nerveux proprement dits qui les entouraient.

Nerfs.

Dans l'*Unio margaritifer* et la *Dreissena polymorpha*, les ganglions médians émettent, du côté intérieur et inférieur, un filet nerveux extrêmement ténu qui se dirige d'avant en arrière pour gagner l'orifice génital et la glande précordiale : c'est là le *nerf génito-glandulaire.*

De la partie antérieure et supérieure de chaque ganglion part un autre nerf plus développé, se dirigeant d'arrière en avant, se ramifiant bientôt en un grand nombre de branches extrêmement fines qui se perdent au milieu du tissu de l'organe reproducteur. C'est là le *nerf génital.*

Dans le *Solen Vagina*, le nerf génital semble être double, car au point où il immerge du ganglion on voit partir deux filaments nerveux sensiblement égaux de volume, mais très-probablement il n'y a là qu'une bifurcation prématurée du nerf. Quant au filet génito-glandulaire, il n'offre rien de particulier.

Dans le *Cardium edule*, un nerf très-fin, non ramifié, part de la partie inférieure et interne du ganglion pour passer sous les branchies et venir se rendre à l'organe précordial, dans lequel il se perd ; un autre nerf part du côté extérieur et supérieur, à peu près à l'opposé du premier, se rend dans le tissu du foie sans se ramifier, excepté vers son extrémité, où quelques filaments semblent se perdre dans le tissu de l'organe reproducteur. Un troisième nerf beaucoup plus volumineux, se ramifiant beaucoup, part de la portion postérieure et supérieure du ganglion pour se perdre dans le tissu ovarique, après avoir donné deux ou trois branches assez fortes.

Dans la *Lutraria solenoïdes*, les deux nerfs *génito-glandulaires* partent à peu près du point de soudure des ganglions et vont presque parallèlement se rendre vers l'organe précordial. Il n'y a à la partie supérieure du ganglion qu'un seul nerf génital, qui se ramifie presque aussitôt sa sortie du ganglion, pour donner deux branches sensiblement égales et allant se distribuer dans les diverses parties de la substance de l'organe reproducteur.

Les nerfs qui partent des ganglions médians de la *Mya arenaria* sont au nombre de trois, une branche assez ténue qui paraît de la partie supérieure et antérieure du ganglion et qui va se perdre presque sans se ramifier dans le foie ; une seconde branche qui est bien évidemment le nerf génito-glandulaire, car elle vient de la partie inférieure et antérieure du ganglion ; une troisième branche qui se dirige d'arrière en avant pour se perdre au milieu de l'organe reproducteur, et qui est le nerf génital.

REMARQUES GÉNÉRALES.

Le système nerveux des Mollusques acéphales, beaucoup moins compliqué que celui des gastéropodes, en diffère d'une manière assez notable, et la comparaison des diverses parties qui le constituent ne le démontre pas formé exactement d'organes similaires. En effet, si nous prenons un gastéropode, nous trouvons deux *ganglions sus-œsophagiens*, désignés par SWAMMERDAM, CUVIER et BLAINVILLE sous le nom de *cerveau*, par CARUS sous celui de *ganglion cérébral*, et par le plus grand nombre des auteurs sous celui de *ganglions cérébroïdes*. Cette comparaison avec le système encéphalique des animaux supérieurs est légitimée par la destination des nerfs qui émanent de ces ganglions et qui vont se rendre à la tête, aux tentacules, aux lèvres, à la bouche, à la partie antérieure du pied, aux yeux et à l'organe de l'olfaction. Pour quelques auteurs, le cerveau de ces Mollusques gastéropodes n'est pas constitué uniquement par ces ganglions sus-œsophagiens, mais il faut y joindre les *ganglions sous-œsophagiens*, d'où partent des nerfs qui sont principalement des nerfs du mouvement. Dans cette hypothèse, on doit considérer les ganglions sus-œsophagiens comme les représentants du cerveau proprement dit, tandis que les ganglions sous-œsophagiens sont l'analogue du cervelet. Cette manière de voir est justifiée jusqu'à un certain point par le développement considérable des ganglions sous-œsophagiens par rapport aux sus-œsophagiens, puisqu'il n'y aurait là en quelque sorte que l'exagération de ce qu'on observe chez les Vertébrés, où le cervelet devient d'autant plus considérable par rapport au cerveau, qu'on descend davantage dans la série. Il y a cependant une dissemblance notable entre le centre nerveux des Vertébrés et celui des Mollusques gastéropodes, dissemblance qui entraîne de grandes différences dans l'organisation et l'étude de certains phénomènes : je veux parler de la position du centre nerveux dans la tête chez les Vertébrés, tandis que chez les gastéropodes, comme chez les Articulés, il est situé très en arrière dans le cou, autour du tube digestif.

Si nous voulions comparer directement le système nerveux des Mollusques acéphales à celui des Vertébrés, nous ne trouverions, pour ainsi dire, aucun point de comparaison, tant les deux systèmes paraissent avoir été établis sur des plans différents ; mais en prenant pour intermédiaire le système nerveux des gastéropodes, tout en observant des dissemblances extrêmes, nous pourrons cependant nous faire une idée des analogies que présentent ces centres nerveux.

Notons d'abord que les anatomistes ont varié à l'infini, quant à la détermination comparative des divers ganglions nerveux des acéphales, et qu'ils ont erré surtout en ne tenant pas un compte assez rigoureux des différences d'organisation générale des acéphales. Les *ganglions antérieurs*, que CUVIER désigne sous le nom de *cerveau*, MANGILI sous celui de *ganglions cérébraux*, M. VAN BÉNÉDEN sous celui de *ganglions cervicaux*, et M. MILNE EDWARDS sous celui de *ganglions cérébroïdes*, sont, comme l'indiquent les noms cités plus haut, considérés par quelques naturalistes comme représentant le cerveau chez les acéphales. Pour qu'il y ait analogie avec le cerveau des gastéropodes, il faut alors considérer les *ganglions inférieurs* comme sous-œsophagiens, et décrire le centre nerveux comme formé des ganglions antérieurs, des ganglions inférieurs et des cordons de commissure du petit collier. Mais cette manière de voir n'a rien qui lui soit favorable, car, contrairement à ce qui devrait exister, les ganglions inférieurs sont extrêmement petits et très-écartés ; ils sont réunis par un cordon simple et non double comme celui des céphalés, très-lâche, ce qui est contraire à la disposition que devrait présenter un centre nerveux cérébral, toujours formé de ganglions assez rapprochés les uns des autres. Il est bien vrai que les nerfs qui émanent des ganglions antérieurs se rendent à la bouche, aux lèvres et à la partie antérieure du manteau, mais par contre les nerfs qui se rendent à l'organe de l'audition émanent des ganglions inférieurs, qu'on devrait considérer comme le cervelet dans l'hypothèse actuelle, et ce fait seul en démontre la fausseté. En outre, si les ganglions inférieurs étaient les sus-œsophagiens, comme l'a pensé Mangili, ils représenteraient le cerveau ; mais alors il faudrait considérer l'animal comme renversé, ou admettre que dans les Mollusques le cerveau peut tantôt être supérieur à l'œsophage, et tantôt lui être inférieur, ce qui ne saurait être.

Cuvier et quelques malacologistes ont pensé que la paire postérieure, en raison même de son volume toujours considérable, devait être considérée comme le cerveau ; mais alors il y aurait une dissemblance impossible entre les céphales et les acéphales, car les derniers auraient le cerveau près de l'anus et les premiers près de la bouche.

Siebold considère comme correspondant au collier œsophagien des céphalés l'ensemble des ganglions antérieurs, inférieurs et postérieurs.

M. Moquin-Tandon est « tenté d'admettre que les acéphales » sont privés de ganglions cérébraux et cérébroïdes (comme » ils sont privés de tête et même d'œsophage), et que leurs » ganglions antérieurs et labiaux sont simplement les ana-

» logues des petits ganglions stomatogastriques ou buccaux
» des céphalés. Ceux-ci se trouvent placés, dans les deux
» classes de Mollusques, plus ou moins près de la bouche, à
» droite et à gauche, quelquefois un peu au-dessus, et tou-
» jours écartés l'un de l'autre.

» Les ganglions inférieurs semblent représenter la pre-
» mière paire des sous-œsophagiens; c'est contre eux. de
» même que dans les céphalés, que sont placées les poches
» auditives.

» Les ganglions médians paraissent les analogues du gan-
» glion supplémentaire du collier destiné à l'appareil génital.
» Chez les céphalés ce dernier appareil se trouvant assez rap-
» proché de l'œsophage, son ganglion a pu rester sous la dé-
» pendance du collier.

» Il en est de même de l'orifice anal; cette ouverture pos-
» sède, chez les acéphales, des ganglions particuliers extrè-
» mement éloignés des buccaux, parce qu'elle est elle-même
» à une très-grande distance de la bouche. »

Le système nerveux des Mollusques acéphales nous offre
une symétrie remarquable dans la disposition de ses parties
ganglionnaires nerveuses. En effet, à la partie antérieure du
corps, où se rencontrent l'orifice buccal et le muscle adducteur antérieur, il existe une paire de ganglions, les *ganglions
antérieurs*, qui envoient par leurs filets nerveux l'excitabilité
à cet orifice et à un organe locomoteur. remplissant ainsi une
double fonction, s'il est permis de s'exprimer ainsi. La paire
de ganglions qui existe à l'opposite de cette première paire,
c'est-à-dire les *ganglions postérieurs* exercent aussi leur in-
fluence sur un orifice, l'orifice anal, et un organe locomoteur, le muscle adducteur postérieur. Ces deux paires ganglionnaires nous présentent un volume toujours plus considérable

que celui des autres paires, ce qui semble en rapport avec leur action simultanée sur deux ordres différents d'organes. La troisième paire de ganglions, découverte par MANGILI, située au plan inférieur du corps, porte seulement son action sur un organe locomoteur, le pied, ce qui explique son volume toujours moindre; et quant à la quatrième paire de ganglions, qui longtemps a échappé aux investigations des anatomistes, elle n'agit que sur les orifices génitaux et urinaires situés dans la région supérieure du corps. La connaissance des lois de symétrie générale de l'organisation animale a permis à M. MOQUIN-TANDON de préciser, par induction, où ils devaient se trouver dans les Mollusques acéphales, et l'observation directe est venue confirmer ce qu'avait préjugé l'hypothèse.

Notons qu'il y a certainement quelque chose de plus que les rapports que nous venons d'indiquer entre les quatre paires de ganglions des Acéphales; car en les considérant sous un autre point de vue nous verrions plus d'analogie entre la première et la troisième paire qu'avec la seconde, puisque l'une et l'autre émettent des nerfs qui sont plutôt de sentiment que de mouvement, la première paire émettant des nerfs buccaux et labiaux, la troisième se trouvant en rapport avec l'organe auditif.

Vu et approuvé :

Toulouse, le 20 décembre 1857.

Le doyen de la Faculté des sciences,
H. MOLINS.

Permis d'imprimer :

Toulouse, le 20 décembre 1857.

Le Recteur de l'Académie de Toulouse, conseiller honoraire à la Cour de cassation, commandeur de la Légion d'honneur,
JH. ROCHER.

Planche I.

Représentation schématique du système nerveux d'un Mollusque acéphale.

A. Ganglions antérieurs.
I. Ganglions inférieurs.
M. Ganglions médians.
P. Ganglions postérieurs.
B. Commissure antérieure.
C. Cordon du grand collier.
D. Cordon du petit collier.
E. Cordon ganglionnaire circumpalléal.
 1 Nerf buccal.
 2 Nerf de l'adducteur antérieur.
 3 Nerf palléal antérieur.
 4 Nerf complémentaire du palléal antérieur.
 5 Nerf palléal antéro-latéral.
 6 Nerf gastrique ou viscéral.
 7 Nerf labial.
 8 Nerf branchial antérieur.
 9 Nerf viscéral proprement dit.
10 Nerf gastro-hépatique.
11 Nerf du pied.
12 Nerf abdominal.
13 Nerfs locomoteurs antérieurs.
14 Nerfs locomoteurs postérieurs.
15 Nerf de l'adducteur moyen.
16 Nerf auditif.
17 Nerf génital.
18 Nerf génito-hépatique.
19 Nerf génito-glandulaire.
20 Filets ovariques.
21 Nerfs gastro-antérieurs.
22 Nerf de l'organe de Bojanus.
23 Nerf ovarique.
24 Nerf branchial.
24* Branches du nerf branchial.
25 Filet nerveux.

26 Nerf palléal postéro-latéral.

27 Nerf palléal postérieur.

27ᵃ Branches du tube anal.

27ᵇ Branches du tube respirateur.

27ᶜ Ganglion du nerf palléal postérieur.

28 Nerf cardio-rectal.

29 Filets nerveux émanant du cordon ganglionnaire circumpalléal pour rendre aux pédicules tactiles et visuels du bord du manteau.

Planche II.

Fig. I. *Cardium edule.*

  a Ganglions antérieurs.

  b Ganglions inférieurs.

  c Ganglions médians.

  d Ganglions postérieurs.

Fig. II. Ganglion médian du *Cardium edule.*

  a Commissure qui unit le ganglion médian au ganglion antérieur.

  b Commissure qui unit le ganglion médian au ganglion postérieur.

  c Nerf génital.

  d Nerf génito-hépatique.

  e Nerf génito-glandulaire.

Fig. III. Ganglions médians soudés de la *Lutraria solenoïdes.*

  a—a' Commissures qui unissent les ganglions médians aux ganglions antérieurs.

  b—b' Commissures qui unissent les ganglions médians aux ganglions postérieurs.

  c Nerf génital.

  e Nerf génito-glandulaire.

Fig. IV. Ganglion médian de la *Mya arenaria.*

  a Commissure qui unit le ganglion médian au ganglion antérieur.

  b Commissure qui unit le ganglion médian au ganglion postérieur.

  c Nerf génital.

  d Nerf génito-hépatique.

  e Nerf génito-glandulaire.

Paris.—Imprimé par E. Thunot et Cⁱᵉ, 26, rue Racine.

I
II
III
IV

www.ingramcontent.com/pod-product-compliance
Ingram Content Group UK Ltd.
Pitfield, Milton Keynes, MK11 3LW, UK
UKHW031758170726
13836UKWH00003B/1043